Charles Lenthéric

La Traversée
du Pas de Calais

Bac, pont ou tunnel ?

ISBN : 978-1981850815

10 9 8 7 6 5 4 3 2 1

Charles Lenthéric

La Traversée du Pas de Calais

Bac, pont ou tunnel ?

Table de Matières

Section I

Les grands travaux exécutés, depuis moins d'un quart de siècle, non seulement à Dunkerque, à Calais et à Boulogne, mais dans tous les ports de la côte anglaise qui leur font face ; le maintien d'une profondeur sensiblement constante, dans leurs chenaux et sur leurs passes ; les améliorations de toute nature apportées à tout ce qui concerne l'entrée, la sortie et l'accostage des navires ; la rapidité des manutentions opérées par des engins mécaniques très perfectionnés ; la certitude à peu près complète de pouvoir transborder en deux ou trois heures et quelquefois en un temps beaucoup plus court, sauf dans des cas exceptionnels de tempête, plusieurs milliers de voyageurs et de tonnes d'une rive à l'autre du détroit en toute saison et à tout moment du jour ou de la nuit, — toutes ces conditions réunies semblent avoir donné une satisfaction raisonnable et pratique aux principaux intérêts publics et privés et aux besoins du commerce et de la navigation. Mais les exigences de l'homme augmentent sans cesse. Les résultats obtenus, quelque merveilleux qu'ils puissent être, ne sont aujourd'hui pour lui que des solutions provisoires, de simples étapes sur la route du progrès indéfini ; et la question d'une soudure directe entre les deux pays, de leur contact effectif, de la suppression absolue de tout transbordement, de l'établissement d'un trajet continu, sans interruption, sans changement de moyens de transport, sans le plus petit déplacement, sans la plus légère sujétion et sans la moindre fatigue, est devenue désormais le problème à l'étude pour les économistes et les ingénieurs. L'idée n'est d'ailleurs pas nouvelle. Elle est par elle-même très séduisante. Elle devait naturellement passionner les meilleurs esprits.

Nous avons déjà dit ici même que l'observateur le plus superficiel ne pouvait manquer d'être frappé à première vue de la similitude des deux lignes de falaises à pic qui se font face à travers le Pas de Calais à une quarantaine de kilomètres de distance. Les grandes assises du terrain crétacé qui les constituent présentent identiquement la même nature géologique, les mêmes couches, les mêmes fossiles, les mêmes bancs, les mêmes épaisseurs ; et on regarde aujourd'hui comme un fait établi scientifiquement que l'immense plateau de craie, qui forme le sous-sol du comté de Kent, de la Haute Normandie et du Boulonnais, s'est légèrement affaissé peu après qu'il a été déposé par les eaux de la mer tertiaire. L'ancien isthme qui reliait l'Europe primitive à l'archipel britannique a été ainsi recouvert par l'inondation marine, et une communication permanente s'est établie entre la Manche et la mer du Nord par un goulet très étroit. La grande presqu'île qui était jadis attachée au continent s'en est trouvée dès lors isolée ; mais, pour redevenir ce qu'elle était autrefois, il suffirait que le sol s'exhaussât naturellement ou qu'on le relevât artificiellement d'une cinquantaine de mètres à peine. C'est en effet à ce très modeste chiffre que se réduit la profondeur maximum du détroit.

La largeur du Pas de Calais étant d'une trentaine de kilomètres environ, le rapport de la profondeur à la largeur est donc inférieur à celui de 1 à 500. Ce rapport est si faible qu'il est presque impossible de le rendre saisissable à l'œil. Sur un dessin à l'échelle de 1 à 10 000, le profil en long du fond de la mer se confondrait à peu près avec la ligne d'eau de la surface ; et, si l'on dressait un plan en relief du détroit à une échelle d'un millième seulement, la largeur serait au maximum en certains points d'une quarantaine de mètres, et la profondeur atteindrait à peine quatre à cinq centimètres. Un petit oiseau traverserait en sautillant cette mer en miniature. Mais il y a plus. Sur la ligne directe qui joint Douvres à Calais, ou Boulogne à Folkestone, on rencontre au milieu de la route deux grands bancs de roche sous-marins, le banc de Varnes et le banc de Colbart où la profondeur ne dépasse guère une dizaine de mètres. On voit et on touche presque le fond. A tout prendre, le bras de mer qui sépare la France de l'Angleterre n'est qu'un large fossé. On en connaît aujourd'hui parfaitement le relief ; et des sondages méthodiques, plusieurs fois renouvelés, permettent de le considérer comme un seuil composé d'une série de bancs de craie très réguliers, unis, homogènes et suffisamment résistants.

L'étude comparée des falaises qui bordent les deux rives du Pas de Calais a démontré de la manière la plus nette que la composition du terrain de craie compris entre Folkestone et Douvres ou entre Calais et South-Foreland correspond exactement, trait pour trait, à celle du massif crayeux du cap Blanc-Nez. Sur les deux rives, la craie blanche, à bandes horizontales de silex, a pour base une assise épaisse de craie grise ou marneuse un peu mélangée d'argile, très régulière dans ses allures, exempte de fissures, et reposant elle-même, par l'intermédiaire d'une couche puissante connue sous le nom de grès vert supérieur, *upper green sand*, sur une formation d'argile bleue qu'on appelle le « gault. » La concordance est absolue sur les deux falaises qui se font face, où l'on voit les mêmes assises s'enfoncer successivement dans la mer en vertu du plongement dont elles sont affectées.

La couche de craie blanche est très fissurée et peut être pénétrée par toutes les eaux d'infiltration ; mais la couche de craie grise qui se trouve immédiatement en dessous est au contraire compacte, homogène, imperméable ; et son plongement est parfaitement connu, tant par l'observation des falaises que par les puits profonds creusés à Calais et à Douvres. C'est donc elle qui a paru naturellement indiquée, quand on a eu l'idée d'étudier un tracé souterrain, pour le forage d'un tunnel à une profondeur convenable, en ayant soin de réserver au-dessus de la voûte de ce tunnel un massif protecteur d'une certaine épaisseur. Le passage à travers cette craie grise ne paraît d'ailleurs devoir rencontrer aucune difficulté spéciale, et a l'avantage de pouvoir être exécuté dans une roche présentant la triple condition d'être assez tendre pour se laisser pénétrer avec facilité et rapidité ; assez consistante pour écarter tout danger d'éboulement ; suffisamment compacte enfin et dépourvue de fissures pour qu'on n'ait pas trop à craindre l'irruption des eaux de la mer [1].

Le seuil étroit qui isole l'Europe de son ancienne presqu'île constitue en somme un déversoir sous-marin au-dessus duquel les eaux sont tour à tour poussées, suivant le jeu des marées, de la Manche vers la mer du Nord ou de la mer du Nord vers la Manche. Il est continuellement balayé par les courants et n'est recouvert par aucune alluvion ni aucun dépôt de sable. La roche est absolument nue, dérasée, et ne présente que des déclivités insensibles [2]. C'est en un mot un plateau lisse et régulier, presque horizontal, qu'il est aussi bien possible de perforer que d'utiliser pour en faire la base d'appui ou le socle de scellement de piles gigantesques devant supporter un ouvrage colossal établi au-dessus des eaux.

Section II

On pourrait presque composer une bibliothèque avec les publications, faites depuis quelques années, sur la traversée de la Manche, et toutes les discussions, toutes les polémiques, tous les mémoires auxquels les divers projets présentés ont donné lieu au point de vue technique, maritime, économique, commercial ou international. Nous ne pouvons qu'indiquer ici d'une manière très succincte les principales étapes de cette étude qui marquera, quoi qu'il arrive et quel qu'en soit le résultat définitif, parmi l'une des plus curieuses de notre temps.

Elle remonte presque exactement à un siècle. C'est en effet en 1802 que l'ingénieur Mathieu, bien qu'il ne pût avoir alors que des données très insuffisantes sur la nature des roches à traverser, proposa le premier de pratiquer une percée souterraine entre la France et l'Angleterre à peu près entre Douvres et Calais. Le tunnel aurait été composé de deux parties égales d'une quinzaine de kilomètres chacune qui auraient toutes deux rejoint le banc sous-marin de Varnes, situé à peu près au milieu du détroit ; ce banc, dont la profondeur au-dessous de l'eau n'est que de 10 à 15 mètres, aurait été exhaussé par de puissants remblais et transformé en une grande île artificielle sur laquelle on aurait bâti une ville internationale avec un port de refuge situé à la fois entre les deux pays et les deux mers. Le tunnel devait donner passage aux malles-poste de l'époque. On aurait installé deux relais de chevaux sur son parcours ; on l'aurait éclairé avec les lanternes du temps. Mais on ne paraît pas s'être préoccupé d'une manière sérieuse de l'aérage qui est cependant une question de premier ordre dans tous les travaux souterrains ; et il est assez probable que si l'on avait pu exécuter ce tunnel, on se serait trouvé dans une obscurité presque complète et une atmosphère absolument viciée et irrespirable. On n'avait d'ailleurs que des notions très insuffisantes sur la nature géologique du fond du détroit ; nous en possédons aujourd'hui plusieurs milliers d'échantillons que nous avons pu recueillir méthodiquement à des profondeurs déterminées grâce à l'emploi d'appareils, de sondage admirablement perfectionnés et d'une manœuvre parfaite.

Le projet de l'ingénieur Mathieu séduisit cependant quelques instants l'imagination du Premier Consul ; mais, après quelques réflexions, il le mit de côté, estimant avec raison qu'il était au moins prématuré et qu'il contenait beaucoup d'inconnu. En somme, il ne fut pas jugé pratique ; on peut même dire qu'il ne fut pas pris très au sérieux. Mais l'idée était lancée ; les sondages et les relevés hydrographiques permirent bientôt de reconnaître que la perforation du seuil calcaire, qui sépare à une profondeur moyenne variant de 30 à 50 mètres le continent de son ancienne presqu'île, ne présentait pas une impossibilité absolue et ne pouvait être qu'une question d'outillage et d'argent ; ce n'était donc pas, comme on l'avait dit tout d'abord, une folie d'inventeur ou un rêve d'utopiste.

L'ingénieur Thomé de Gamond reprit avec courage l'idée première de l'ingénieur Mathieu ; et la mise au point d'un projet dont les lignes générales seules avaient été tracées et qui ne se présentait encore jusqu'à lui qu'à l'état de conception et de programme fut l'œuvre patiente et laborieuse de toute sa vie. Dans l'ardeur de ses études, la question prit même à ses yeux un essor très élevé, une sorte d'allure mystique ; et, comme tous les fervents d'une idée géniale, il ne considérait pas seulement les avantages matériels et les résultats économiques de la transformation projetée, il y voyait en quelque sorte l'accomplissement d'une volonté supérieure, une conquête d'une haute portée morale, une manifestation éclatante du progrès et de la marche des peuples dans la voie du bien et de la paix avec l'aide et sous la protection de la puissance divine. « Dieu, disait-il, a voulu qu'il y ait des nations. En les disséminant sur la terre, la divine Providence les a, dès le principe, séparées par des obstacles capables de protéger leur berceau : là de hautes montagnes ou des plaines profondes, ailleurs le désert, ici l'Océan. Sans doute cet isolement primordial fut nécessaire pour des plans suprêmes d'harmonie ; il permit à chaque groupe de développer sans trouble le type de sa race ; il facilita l'essor de son caractère propre et différentiel. Mais plus tard, quand cette œuvre d'agrégation fut consolidée par la persistance des liens puissants d'une commune origine, un besoin général d'expansion se manifesta chez ces peuplades primitives : d'abord par la guerre et la spoliation, ensuite par la religion et le commerce. Si notre jeune humanité, vue dans son ensemble, est dans un état moral peu avancé, si l'homme selon Dieu est encore une rare exception dans la foule, un certain nombre de nations néanmoins paraissent adultes et disposées à tenir aujourd'hui dignement leur partie dans le concert harmonieux des peuples préparé pour nos descendants. On a pu constater déjà, comme un signe manifeste de l'esprit religieux de notre temps, la propension générale des nations à abaisser les remparts, naturels ou factices, derrière lesquels se retrancha longtemps leur antagonisme. L'indice de cet entraînement se vérifie par les efforts contemporains pour aplanir les principaux obstacles qui interrompent les routes commerciales des peuples : la coupure de l'isthme de Suez, celle de l'isthme américain, le percement des Alpes, la jonction du territoire anglais au continent d'Europe [3]. »

Section III

Il convient, croyons-nous, de descendre un peu de ces hauteurs, et la question se présente encore avec un caractère de grandeur qui la place au premier rang des conceptions du génie moderne.

L'idée première, avons-nous dit, a été celle d'un souterrain ; et plusieurs tracés ont été successivement étudiés. On fut tout d'abord séduit par cet îlot artificiel de Varnes que l'on se proposait de faire émerger au milieu du détroit. On se plaisait à lui donner une plate-forme d'une soixantaine d'hectares. Cette plateforme aurait été aménagée comme station d'un chemin de fer souterrain auquel on aurait accédé par des rampes en spirale. A l'air, sur les terre-pleins, on rêvait déjà d'édifier des constructions de toute nature, qu'on aurait développées le long des quais, défendus par des digues et des ouvrages avancés en mer, qui auraient été naturellement disposés de manière à procurer aux navires un avant-port de refuge ou de stationnement. L'îlot de Varnes aurait tout d'abord servi, pendant la période du forage du souterrain, à l'établissement d'un grand chantier ; et le tunnel sous-marin aurait eu ainsi quatre points d'attaque : un sur la côte française, un sur la côte anglaise, les deux autres au milieu du détroit sur l'îlot artificiel.

Le tracé qui passait ainsi par le banc de Varnes était celui du cap Gris-Nez à Folkestone, un peu plus long que celui de Calais à Douvres. Le projet de ce dernier fut étudié plus complètement et reçut même un commencement d'exécution. On peut en effet voir encore, d'un côté, sur la plage de Sangatte, à huit kilomètres à peine à l'ouest de Calais, et, vis-à-vis, sur la côte anglaise, derrière la barre de Saint-Margaret, couverte au sud par Je promontoire de South-Foreland, à très peu de distance et au nord-est de Douvres, les hangars et les bâtiments qui renfermaient les machines perforatrices, et les amorces du tunnel creusé dans le roc, aujourd'hui abandonné, inaccessible et inondé.

A l'époque où furent dressés ces premiers projets, qui datent de plus d'un demi-siècle, la question de la perforation du massif calcaire qui forme le seuil sous-marin du détroit présentait encore quelques incertitudes ; elles sont aujourd'hui complètement dissipées, et l'œuvre technique en elle-même est de celles dont l'ingénieur peut garantir le succès. Mais, en prévision de difficultés imprévues que pouvait donner l'inflexion des couches de calcaire à une certaine profondeur au-dessous du seuil, on avait présenté deux solutions un peu différentes : la première consistait simplement dans l'immersion par sections d'un tube de fer, disposé au fond du détroit pour recevoir un muraillement intérieur en maçonnerie ; la seconde, dans le forage d'une voûte au fond de l'eau que l'on aurait avancée progressivement au moyen de cette sorte de blindage ou de carapace métallique qu'on désigne sous le nom de « bouclier, » et à l'abri duquel on peut exécuter des fouilles et établir le revêtement d'une galerie souterraine dans des conditions d'aérage et de sécurité satisfaisantes.

La traversée du détroit par une percée souterraine ou au moyen de tubes, immergés sur le seuil à une cinquantaine de mètres de profondeur au-dessous du niveau de la mer et reliés ensuite aux deux côtes par des plans inclinés ou des ascenseurs, dont le fonctionnement aurait certainement présenté quelques difficultés pour satisfaire à un trafic de plusieurs millions de tonnes et de voyageurs, a paru, pendant un certain temps, être la meilleure solution du problème [4]. Mais nos voisins d'outre-Manche, qui s'étaient montrés tout d'abord favorables à l'entreprise, lui ont fait, à plusieurs reprises, une opposition de principe, s'obstinant à l'envisager comme un danger pour la défense de l'Angleterre [5].

L'interruption de la communication pourrait cependant être si facilement et si rapidement obtenue en cas d'alerte qu'on ne saurait avoir à ce sujet des craintes réellement sérieuses. Les moyens de destruction dont on dispose aujourd'hui permettent en effet de considérer l'effondrement, la submersion ou l'obstruction de la galerie souterraine, sur le territoire du pays qui se croirait menacé ou qui, pour une raison quelconque, voudrait redevenir isolé, comme une opération aussi facile que rapide. Mais l'objection, quelque singulière et puérile qu'elle paraisse, n'en a pas été moins tenace et la perforation a été abandonnée. A vrai dire, au point de vue technique, cette perforation pouvait donner lieu à quelques inquiétudes. En mettant les choses au pire, on peut toujours redouter qu'un accident imprévu, une simple fissure, un brusque tassement ne viennent, en cours de construction ou d'exploitation, inonder plus ou moins complètement les travaux ou le tunnel, et sinon détruire tous les ouvrages exécutés et réduire l'entreprise à néant, du moins amener de graves perturbations et une interruption d'une durée peut-être assez longue dans la marche de l'exploitation. La question seule de l'aérage et de la ventilation d'un souterrain de 36 kilomètres de développement est encore un problème assez délicat dont la solution peut présenter quelques difficultés, mais ne saurait cependant arrêter, et pourrait vraisemblablement être trouvée d'une manière satisfaisante.

Toutes ces considérations ont détourné quelques ingénieurs de l'idée de la traversée souterraine ; et on a plusieurs fois soulevé la question de l'établissement d'un passage à découvert, qu'on pourrait rendre d'ailleurs intermittent à volonté, si des circonstances graves ou des susceptibilités plus ou moins raisonnables venaient à l'exiger : un pont, un bac, voire même la reconstruction presque totale de l'isthme qui avait jadis existé et dont la sonde permet de reconnaître partout le fond.

Cette dernière conception n'est pas la moins curieuse. On aurait enraciné à la rive anglaise et à la rive française deux jetées d'enrochements qui auraient traversé le détroit en ménageant trois larges passes de navigation établies : l'une dans les eaux de Douvres, près de South-Foreland ; l'autre dans celles de Calais, près du cap Blanc-Nez ; la troisième à égale distance des deux, sur le banc de Varnes. Ces trois passes auraient été franchies soit par des ponts mobiles et flottants, soit par des passages par-dessous ; et on aurait ainsi accompli une sorte de restauration géographique du régime qui avait jadis existé. Mais, indépendamment de l'extrême dépense, qu'on évaluait déjà à près de 900 millions, le projet donnait lieu à deux objections nautiques assez sérieuses : la première, c'est que l'ouvrage, qui aurait en quelque sorte barré le détroit, pouvait modifier l'heure du plein des marées dans quelques ports de la Manche et de la mer du Nord, principalement à l'est du détroit, et changer, d'une manière qu'il était peut-être difficile de préciser, la direction des courants qui le traversent sans cesse ; la seconde, plus grave, était la résistance obstinée des marins, qui auraient éprouvé, en temps de brume, des sujétions et même des dangers pour franchir les trois passes, assez étroites, ménagées dans l'isthme artificiel et dans lesquelles les courants se seraient engagés avec une force contre laquelle il aurait été peut-être impossible de lutter.

Un grand bac ne pouvait donner lieu à ces critiques, et on eh a aussi étudié sérieusement le projet. Comme pour la construction de l'isthme, on aurait commencé par enraciner aux falaises deux jetées d'enrochements sur la ligne du cap Blanc-Nez à South-Foreland ; mais ces jetées ne se seraient avancées en mer que de 8 kilomètres chacune, laissant par conséquent, entre leurs musoirs extrêmes, un intervalle de 18 kilomètres. La largeur du détroit aurait été ainsi réduite à la moitié environ de sa largeur actuelle, et cela n'eût modifié en rien les conditions normales de tous les navires allant de la Manche à la mer du Nord ou inversement. Deux darses spacieuses étaient d'ailleurs projetées à l'extrémité des deux musoirs, destinées à recevoir l'appareil nautique, l'immense navire à large plate-forme qui aurait effectué une traversée maritime assez réduite. C'était, à la vérité, dans l'établissement de cet appareil sans précédent que consistait toute la difficulté ; ce bac colossal, véritable île flottante, sur lequel on aurait dû embarquer et caler des trains complets de chemins de fer, aurait pu peut-être prendre par les gros temps des mouvements de roulis un peu inquiétants et donner lieu à quelques mécomptes ; et on n'avait pas d'ailleurs la certitude absolue de pouvoir le diriger et le faire manœuvrer avec toute la précision et toute la sûreté qu'exige une exploitation régulière.

Section IV

La solution la plus rationnelle pour une traversée aérienne paraissait donc devoir être un véritable pont. Les premières reconnaissances géologiques de la nature des roches qui constituent le seuil du détroit, faites par MM. Combes et Elie de Beaumont, il y a un demi-siècle, avaient très bien indiqué ce que les sondages et les travaux modernes des ingénieurs Renaud, Duchanoy, de Lapparent et Pothier ont depuis confirmé, à savoir : que ces roches, formées de craie marneuse, présentent non seulement des conditions très favorables à la perforation du tunnel, mais constituent en outre un plateau légèrement ondulé, uni, résistant, et peuvent très bien servir de base de fondation pour les supports d'un grand ouvrage [6].

Un premier projet de pont métallique fut donc présenté, en 1878, à l'Académie des sciences par l'ingénieur français Yérand de Sainte-Anne. Une société anglaise, *the International Railway Company*, se mit immédiatement à l'œuvre, recueillit en France les adhésions des Chambres de commerce, des corps collectifs, des villes manufacturières ; et la Chambre des députés, dans sa séance du 25 juillet 1882, en recommanda l'étude au ministre des Travaux publics. Malheureusement, l'art des grandes constructions métalliques n'était pas encore ce qu'il est devenu depuis. Les grands ouvrages de cette nature étaient de très rares exceptions ; et les ingénieurs ne pouvaient avoir la pratique courante et la hardiesse que leur ont données l'usage de l'acier fondu et doux qu'ils emploient couramment aujourd'hui, qui présente des conditions de résistance bien supérieures à celles de la fonte et du fer et permet de franchir couramment et d'une seule volée des espaces de plusieurs centaines de mètres. D'autre part, les travaux hydrauliques, les fondations à l'air comprimé, les procédés de fonçage de toute nature n'avaient pas encore atteint la perfection et la sûreté qu'ils doivent à l'emploi de l'outillage moderne et étaient encore d'une application coûteuse, difficile, incertaine.

Aujourd'hui, au point de vue technique de la construction, ce que l'on croyait alors hasardeux et que d'excellents esprits regardaient comme une folie, paraît réalisable et possible ; mais il y a malheureusement encore à cette solution une objection assez sérieuse, bien qu'il soit permis d'espérer que les progrès de l'art moderne permettront d'en diminuer la valeur et peut-être même d'en triompher un jour complètement. Le pont projeté sur la Manche, en 1870, ne devait pas, en effet, avoir moins de 340 piles et des arches d'une centaine de mètres seulement d'ouverture. Or, les marines de tous les pays étaient unanimes pour déclarer qu'elles ne pouvaient accepter une pareille sujétion ; car, par les gros temps et les brouillards, les milliers de navires qui sillonnent le détroit auraient été exposés à venir se briser contre ces 340 obstacles. Le projet fut donc énergiquement repoussé et même un moment tout à fait oublié ; et l'*International Railway Company* dut être mise en liquidation. Mais cependant l'élan était donné. Les progrès de l'art de l'ingénieur, tant au point de vue des procédés de fondation que de l'emploi de l'acier fondu, marchaient avec une rapidité merveilleuse. L'ancienne société se transforma et devint *the Channel Bridge and Railway Company* ; et, avec le concours actif de l'ingénieur Hersent et de la compagnie du Creusot, le projet fut complètement remanié. On avait, comme encouragement et comme exemple, le magnifique pont récemment construit sur le Forth, qui franchit près d'Edimbourg un bras de près de 2 kilomètres et dont les travées métalliques de 525 mètres de portée ont 50 mètres de hauteur à leur milieu au-dessus de l'eau ; et on savait que sa mise en service avait presque immédiatement augmenté de 88 pour 100 le trafic de la compagnie du *Nord Brilish Railway*[7]. C'était un sérieux encouragement.

On suivait en outre avec un intérêt passionné les travaux en construction du pont sur l'Hudson, dont l'unique travée, de 872 mètres de portée, la plus hardie du monde, jetée à 140 mètres de hauteur au-dessus des plus hautes marées, devait relier bientôt New-York à New-Jersey.

Une nouvelle étude de pont sur la Manche fut donc faite, en 1889, sur ces inspirations, réduisant à 121 le nombre des piles et comportant par conséquent des travées d'une ouverture moyenne de 280 mètres. C'était déjà plus pratique. Le projet, d'ailleurs, a été remanié et amélioré depuis, et il pourra l'être très certainement encore. En l'état actuel des études [8], le tracé adopté traverse le Pas de Calais en droite ligne dans sa partie la plus étroite, — 33k, 450, — de South-Foreland à Sangatte. Il ne comporte plus que 72 piles en mer, soit 73 travées uniformément alternées de 400 et de 500 mètres, de manière à faciliter le passage des navires de toute nature. Il est certain qu'on pourrait aller encore plus loin dans cette voie ; mais, tel quel, le projet se présente dans des conditions réellement acceptables. La profondeur moyenne du détroit au-dessous des plus basses mers est d'environ 36 mètres, et les piles les plus profondes devront être établies pour une hauteur d'eau de 51 mètres à mer basse. Ces piles, dont les différents procédés de fondation ont déjà donné lieu à des études sérieuses et pourront être adoptés ou modifiés suivant les circonstances et l'expérience au cours des travaux, — caissons échoués directement sur le fond, construction sur béton immergé, construction sous batardeau métallique, sur socle en béton, etc., — devront s'élever jusqu'à 14 mètres au-dessus des plus hautes mers et servir de piédestal à des colonnes métalliques destinées à supporter les poutres d'acier fondu dont le tablier inférieur sera horizontal à une hauteur constante de 54 mètres au-dessus des hautes mers. Les navires à grande mâture n'auront donc plus à se préoccuper de passer exactement au centre d'une travée et pourront au contraire s'engager sous le pont à une distance quelconque des piles.

Il est évident que, par un temps clair, des ouvertures de 400 et de 500 mètres sont largement suffisantes pour les vapeurs et les voiliers ayant vent sous vergues. On peut même penser que le pont pourra faciliter, dans une certaine mesure, leur navigation, en ce sens qu'il leur permettra de relever sûrement et très rapidement leur position ; qu'il pourra même diminuer les chances d'abordage, puisque les navires auront la faculté de passer par des travées distinctes et être classés en différents groupes, suivant qu'ils iront dans un sens ou dans l'autre, sur la côte française et sur la côte anglaise, de la Manche à, la mer du Nord ou inversement.

Les seules objections que la marine puisse faire concernent les voiliers qui louvoient et les bateaux de toute catégorie qui naviguent en temps de brume, ou qui sont surpris par des grains de vents, de violents orages, des bourrasques de neige, des brouillards subits, en un mot dans toutes les circonstances atmosphériques, assez fréquentes malheureusement, où la visibilité est défectueuse. Les rapports techniques qui ont été faits à ce sujet semblent établir que le louvoyage sous le pont sera plus facile que dans la plupart des passes des goulets, des entrées de rades et de rivières, au milieu de bancs de roches non balisés ; et qu'on pourrait même, si cela était nécessaire, établir un service de remorquage pour les navires, probablement assez peu nombreux, qui désireraient y avoir recours.

Quant aux dangers résultant de la brume, ils pourraient être presque entièrement conjurés par la combinaison de trompes, de sirènes puissantes, de phares à éclats et à couleurs variables, établis sur chaque pile, de signaux avertisseurs disposés à leur approche et composés de flotteurs et de perches balises, munis de sonneries et qui permettraient de parer à toute éventualité d'abordage trop brusque. Des études ont été faites à ce sujet avec le plus grand soin ; et, sur les 860 millions, soit près d'un milliard, chiffre auquel on évalue approximativement les travaux de premier établissement du pont, de ses abords et de ses raccordements avec les réseaux de chemin de fer de l'Angleterre et de la France, une somme de 10 millions est prévue pour les dépenses d'installation des appareils lumineux, sonores et protecteurs, et un demi-million pour leur entretien et celui du personnel chargé de veiller à la sécurité du passage

Section V

Sans abandonner la réalisation de cette œuvre gigantesque, la Société d'études pour la construction du pont sur la Manche a reconnu qu'il était peut-être opportun et prudent de n'apporter pour le moment aucune gêne, quelque minime qu'elle soit, à la libre circulation sur un bras de mer très resserré et que sillonnent sans cesse, même pendant les tempêtes, plusieurs centaines de voiliers et de vapeurs. Elle a tenu à ne pas fournir le moindre prétexte aux objections et aux exigences de la marine, et elle a étudié en conséquence, comme solution d'attente, un nouveau mode de traversée aérienne du détroit qui laisse une liberté complète à toutes les évolutions des navires et sera peut-être bien un jour la solution pratique et définitive.

Cette solution consiste à faire rouler sur un pont noyé à 15 mètres au-dessous des plus basses eaux un chariot émergeant au-dessus des plus hautes mers, et pouvant porter à la fois quatre trains de chemin de fer. Le principe de ce bac roulant reproduit, sur une échelle beaucoup plus grande et à une profondeur considérable sous l'eau, ce que l'on a appliqué depuis un certain temps à Saint-Malo, et plus récemment à Brighton, pour mettre en communication directe deux côtes voisines. A Brighton comme à Saint-Malo, des rails ont été fixés à marée basse dans le sable, et une plate-forme supportée par des chevalets métalliques roule sur ces rails d'une manière continue et à toute hauteur de la mer, sous l'action d'une force qui aurait pu être indifféremment électrique, mécanique ou hydraulique, installée sur une des deux rives ou même à une certaine distance, et dont la transmission est aujourd'hui une affaire tout à fait pratique et courante. Une solution aussi simple ne saurait s'appliquer sur des fonds de 50 mètres comme ceux du Pas de Calais.

Mais nous avons vu que les reconnaissances géologiques les plus autorisées avaient démontré d'une manière indéniable que le fond du détroit était constitué par une roche crayeuse à surface lisse et peu déclive, facile à entamer par les outils, présentant une base solide et résistante, capable de supporter ou d'encastrer dans les meilleures conditions les piles d'un pont métallique. On a donc imaginé de construire un pont métallique sous-marin, sur la plate-forme ou sur le tablier duquel on ferait rouler un chariot émergé. Les piles de ce pont noyé, espacées de 60 mètres environ, seraient constituées par des chevalets en acier formés de deux pylônes légèrement inclinés pour augmenter leur largeur à la base et reliés entre eux par une poutre supérieure et des contreventements. L'ensemble des deux piles consécutives et des deux poutres longitudinales qui les relieraient formerait un élément de voie simple pour le roulement du chariot. On établirait deux voies parallèles juxtaposées à 30 mètres de distance et portant chacune leur chariot distinct. Le tablier du pont sous-marin serait donc, en fait, constitué par quatre files de poutres parallèles espacées de 30 mètres et reposant deux à deux sur les deux éléments des piles distantes entre elles de 60 mètres.

La hauteur moyenne de ces piles, prise du fond de la mer serait de 23 mètres, la plus haute étant de 36 mètres seulement. Le tablier du pont immergé serait exactement fixé, comme nous l'avons dit, à

Section V

15 mètres au-dessous des plus basses mers, profondeur à laquelle on estime n'avoir plus à craindre, pendant les plus gros temps, une agitation préjudiciable à la stabilité de la charpente métallique des chevalets, qui seraient d'ailleurs solidement encastrés dans le fond rocheux et entre toisés entre eux de manière à n'éprouver aucune flexion. Cette tranche d'eau de 15 mètres est en outre très suffisante pour donner passage aux steamers et aux cargo-boats du plus fort tonnage, même en tenant compte du creux des plus fortes lames de houle et de toutes les oscillations des navires sous faction des vagues. Le projet a été étudié au point où la largeur du détroit est de 33 450 mètres ; mais, le pont sous-marin ne devant commencer sur chaque rive que sur des fonds de 15 mètres à mer basse, les deux têtes de l'ouvrage seraient constituées par deux jetées en maçonnerie s'avançant jusqu'à cette profondeur. Ces deux jetées laisseraient donc entre leurs musoirs une distance d'environ 31 kilomètres. Telle serait en réalité la longueur effective du pont, qui comporterait par conséquent 516 travées.

Quant au chariot roulant, il se composerait d'une plate-forme établie à 4 ou 5 mètres au-dessus des plus hautes mers, supportée par une charpente métallique formée de poutres longitudinales et transversales. Cette plate-forme aurait 200 mètres de longueur sur 16 mètres de largeur, et serait munie de 4 voies de chemin de fer parallèles, pouvant recevoir chacune un train complet de 20 à 24 wagons avec sa locomotive. Elle serait surmontée vers ses deux extrémités par deux *spardeks* ou ponts supérieurs, formant des terrasses surélevées pour l'agrément des voyageurs qui ne seraient pas contraints de rester dans leurs wagons. Ce chariot, pesant à vide 4 000 tonnes, serait actionné par un moteur quelconque, très probablement une série d'accumulateurs électriques, et sa mise en marche ne paraît devoir donner aucune incertitude. Enfin, les rails du chariot seraient exactement raccordés, au départ et à l'arrivée, avec les rails des voies ferrées de terre, de sorte que les trains continueraient leur marche sans arrêt et sans transbordement.

C'est, on le voit, l'amplification, sur une très vaste échelle, du petit chariot qui sert au transport des piétons entre Saint-Malo et Saint-Servan. Ce projet semble présenter au premier abord de réels avantages : économie, grande simplicité et rapidité d'exécution, sécurité absolue de l'exploitation. Il pourrait, espère-t-on, être mené à bonne fin dans cinq ou six années, et l'on pense que sa dépense ne s'élèverait pas à plus de 350 millions. C'est à peu près le tiers du temps et de la dépense que paraissent exiger les projets antérieurs. A tout prendre, il serait, à la rigueur, permis de le considérer comme une solution d'attente ou provisoire qui faciliterait même la construction ultérieure d'un grand pont sur la Manche, puisque le bac roulant pourrait fonctionner alors comme un incomparable pont de service, transportant les matériaux et les ouvriers, excellente base d'opération, qui permettrait de multiplier les chantiers au milieu du détroit. Mais rien ne dit que cette solution une fois adoptée ne puisse et ne doive être maintenue et préférée et que la marche sûre et régulière de l'exploitation ne la fasse considérer comme très suffisante et ne donne toutes les satisfactions désirables. Elle ne présente en effet aucun des désagréments et des inconvénients d'une traversée souterraine ; elle ne modifie en rien les conditions de la navigation, qui resterait libre de tous ses mouvements sur la largeur du détroit ; elle ne peut éveiller aucune susceptibilité de la part de la marine ; elle laisse parfaitement intacte la situation insulaire de la Grande-Bretagne. La solution du pont immergé répond donc d'une manière satisfaisante à toutes les critiques, à toutes les objections qu'avaient soulevées les solutions précédentes.

D'après les évaluations qui ont été faites, trois chariots en service simultané et ne fonctionnant même que le jour suffiraient très probablement pour effectuer un transit de 3 millions de tonnes et de 2 millions de voyageurs. C'est pour le moment tout ce que l'on peut et doit raisonnablement prévoir. La solution d'attente pourrait donc très bien ne pas être seulement un expédient, mais une solution définitive. Nous avons vu d'ailleurs qu'elle pouvait être aussi un auxiliaire précieux pour la construction, la doublure en quelque sorte d'un ouvrage grandiose, si plus tard on en reconnaissait la nécessité.

Section VI

On a pu faire cependant une objection assez grave à cet ouvrage métallique de près de 35 kilomètres de longueur. Cette objection est sa durée, impossible à préciser, mais certainement limitée, puisque l'eau de mer l'altérera nécessairement et qu'il sera très difficile, pour ne pas dire à peu près impossible, d'en renouveler les peintures et les enduits.

Mais les ingénieurs ne sont jamais à court de répliques et d'expédients. Et tout d'abord ils font observer que rien ne peut ni ne doit durer indéfiniment ; et des accidents malheureux, mais assez rares pourtant, sont là en effet pour nous rappeler que toutes les prévisions et tous les calculs de la science sont quelquefois déjoués. En ce qui concerne, cependant, la conservation d'un ouvrage métallique immergé dans l'eau de mer, ils affirment qu'on peut être assuré, en se fondant sur des études récentes dont la valeur technique ne saurait être contestée, qu'un ouvrage en fer ou en acier, noyé dans l'eau salée, durerait vraisemblablement de soixante à quatre-vingts ans, peut-être même un siècle [9] ; et ils en concluent qu'après cette période, bien suffisante pour assurer une exploitation rémunératrice et amortir tous les capitaux engagés dans la construction, on pourrait, on devrait même renouveler complètement le viaduc immergé en y introduisant les modifications et les perfectionnements que l'expérience aurait indiqués, si l'on ne préférait pas y substituer un autre ouvrage tout à fait différent.

Ils indiquent en outre que divers procédés peuvent être employés pour assurer la conservation du fer et de l'acier dans l'eau de mer, entre autres, l'action de couples voltaïques ; mais ils avouent sincèrement que rien n'a été encore expérimenté à ce sujet d'une manière tout à fait probante.

Ils proposent enfin, — et cette modification détruirait complètement l'objection soulevée, — de substituer au pont en fer immergé au fond de la mer un viaduc en béton qui serait tout à fait inaltérable et sur la masse duquel l'eau salée n'exercerait aucune action sensible. Il n'y aurait d'ailleurs rien d'innové pour les piles du viaduc. Les pylônes en acier de l'ouvrage métallique, qui doivent être creux, seraient simplement remplis de béton, et c'est sur ce béton seul que l'on compterait pour supporter le tablier, le coffrage métallique dans lequel il serait coulé n'étant qu'une enveloppe extérieure qui pourrait très bien disparaître à la longue sans que la stabilité de l'ouvrage soit compromise.

Le caractère distinctif de cette solution consisterait donc à faire reposer, sur ces piliers en béton, non plus des travées métalliques plus ou moins altérables et destructibles, mais des arches en béton inattaquables par l'eau de mer. Le chariot porte-train, appelé à rouler sur le viaduc immergé, serait le même que celui que nous avons précédemment décrit et comporterait deux séries de galets de roulement espacés de 30 mètres environ. Ce viaduc serait formé de deux lignes de ponts parallèles, ayant le même espacement de 30 mètres, portant chacune une des voies de roulement du chariot et entièrement indépendantes l'une de l'autre, leur stabilité propre rendant inutile toute liaison entre elles. Les voûtes en béton de ces deux lignes de ponts seraient en arc de cercle de 3 mètres de flèche, auraient 30 mètres d'ouverture entre les piles, une épaisseur de 1 mètre à la clef, et une largeur de 4 mètres entre leurs têtes. Toutes ces voûtes en béton seraient renforcées par deux arcs métalliques noyés dans leur masse et soustraits par conséquent à l'action corrosive de l'eau de mer, mais contribueraient à augmenter leur raideur et loin-puissance de support, tout en s'opposant à leur dislocation [10]. C'est ce qu'on appelle le « béton armé ; » et ce béton armé aurait ici cet avantage précieux que l'ouvrage, étant toujours noyé à 15 mètres au-dessous des plus basses mers, par conséquent à une profondeur où la température est à peu près constante, on n'aurait pas à se préoccuper des variations atmosphériques qui se traduisent souvent par des dilatations et des rétrécissements assez brusques et sont, pour les ouvrages extérieurs, une cause sérieuse de dislocation et de désagrégation.

Cette heureuse modification présenterait même l'avantage, qui n'est pas à négliger, de permettre de réaliser une économie de près de 30 millions dans les dépenses de premier établissement. Un devis consciencieusement étudié ramène, en effet, cette dépense à 220 millions environ au lieu de 250.

Il y a, dans cette conception d'un pont en béton de 34 kilomètres environ de longueur, toujours immergé à 15 mètres au-dessous des plus basses mers, quelque chose de tellement différent de tout ce que l'on a vu jusqu'à ce jour, qu'on conçoit très bien l'hésitation et la réserve de tous ceux qui tiennent à se cantonner dans les procédés anciens et les méthodes consacrées par l'expérience. La routine est sans doute un élément de sécurité ; mais il ne faut pas en abuser.

En matière d'art et de construction, l'extrême prudence est souvent hostile à toute innovation un peu hardie ; et, à vrai dire, on ne saurait formuler et préciser à l'encontre d'un pareil travail aucune raison technique de nature à en démontrer l'impossibilité absolue et le danger.

Quoi qu'il en soit, on attendra vraisemblablement encore quelque temps, avant que l'un ou l'autre de ces projets audacieux, que nous n'avons décrits que bien sommairement et dont nous n'avons pu donner que l'historique et le canevas, — rétablissement partiel de l'isthme, tube métallique coulé au fond du détroit, pont aérien, pont sous-marin, immergé en acier ou en béton, — soit définitivement accepté et entre dans la voie de l'exécution.

Il s'agit, en effet, d'une dépense pouvant approcher d'un milliard en nombres ronds, peut-être même dépasser ce dernier chiffre ; et il est assez naturel que les deux États principalement intéressés reculent devant la responsabilité officielle des aléas inévitables, à la fois techniques et financiers, d'une entreprise aussi grandiose.

Section VII

Mais si la jonction directe entre les deux falaises qui se font face à travers le détroit est le grand *desideratum* de l'avenir, elle n'est pas cependant absolument nécessaire pour que l'on puisse très facilement et très rapidement réaliser une partie des avantages que l'exécution d'un des projets plusieurs fois proposés ne permettrait d'obtenir qu'au prix de très grands efforts. L'un de ces avantages, — le principal peut-être, — est de supprimer le double transbordement des voyageurs et de quelques marchandises spéciales qui transitent de France en Angleterre, et d'assurer leur passage d'un pays à l'autre sans aucune manutention et sans changement de véhicules. Il n'est pas nécessaire, pour obtenir ce résultat, de jeter un pont sur le détroit ou de le percer par un souterrain ; et il suffirait d'organiser un navire spécial, un bac convenablement aménagé, permettant de recevoir directement les trains de chemin de fer, qui passeraient ainsi, sans rompre charge, du territoire français sur le territoire anglais et inversement.

La seule difficulté serait de ménager en tout temps un accostage rapide et facile du bateau porte-train à la terre ferme, difficulté qui provient de causes multiples : agitation de l'eau, oscillations inévitables du bateau, changement de niveau résultant du mouvement des marées, variations du tirant d'eau ou de l'enfoncement du navire au fur et à mesure que s'effectueraient l'embarquement et le débarquement des différentes pièces du train.

Or, cette difficulté paraît pouvoir être aujourd'hui complètement résolue. On a pu l'atténuer déjà dans certains cas, pour le transit de quelques voitures, en ménageant, sur les flancs ou au-dessous du bateau-bac, un certain nombre de flotteurs et en le raccordant à la terre ferme par des rampes à inclinaison variable suivant la flottaison et l'enfoncement du navire. C'est ainsi que fonctionnent les *ferry-boats* de New-York et du lac de Constance et les bateaux transbordeurs de même nature sur les deux rives du lac Baïkal, dont la traversée constitue la soudure des deux parties du chemin de fer transsibérien. Mais la manœuvre de ces bacs est déjà un peu lente et laborieuse, elle le serait plus encore pour un transit intensif comme celui du Pas de Calais et ne pourrait être dès lors pratiquement employée.

D'après des études récentes, le problème pourrait très bien se résoudre de l'a manière suivante. Le bateau porte-train serait amené dans une darse abritée de son port d'attache tant sur la rive française que sur la rive anglaise. Là il reposerait sur un plancher mobile qui serait soulevé par des presses hydrauliques ; et le pont du bateau, muni de rails, serait amené exactement à la hauteur invariable des voies de terre dont il serait le véritable prolongement. Le bateau étant ainsi de jaugé et immuable, les manœuvres d'embarquement et de débarquement se feraient avec la rapidité et la facilité des opérations de même nature dans toutes les gares de chemin de fer. Une manœuvre inverse du plancher mobile remettrait le bateau à flot, prêt au départ. D'après quelques premières études, le navire porte-train aurait une longueur de 150 mètres environ, une largeur au maître-couple de 16 à 18 mètres, un creux de 4 à 5 mètres et pourrait porter trois trains, accolés, de 18 voitures chacun, soit 4 000 tonnes au moins. Son déplacement total en pleine charge serait de 6 000 tonnes environ ; sa machine motrice, de 10 000 chevaux, lui permettrait de franchir le détroit dans une heure. C'est la vitesse de 18 nœuds, que l'on obtient couramment de beaucoup de paquebots.

Le problème mécanique du soulèvement d'un plancher sur lequel reposerait un bateau, dont les dimensions seraient celles que nous venons d'indiquer, est considéré par les constructeurs les plus compétents et les plus autorisés comme une application courante de procédés déjà mis en œuvre ; et on a pu calculer très exactement que ce soulèvement pourrait être facilement obtenu par des machines de 1 000 à 1 200 chevaux, et que l'opération ne durerait pas plus de cinq minutes. Le mécanisme pourrait être d'une très grande simplicité, et la manœuvre des ascenseurs des Fontinettes permet de donner à ce sujet les meilleures garanties. La précision et la rapidité du raccordement des voies de navire et des voies de terre constitueraient ainsi un accostage rigide qui ne paraît devoir donner lieu à aucun mécompte [11].

On peut, d'autre part, regarder comme tout à fait certain qu'un voyage aller et retour d'une rive à l'autre du détroit, en tenant compte des arrêts aux deux rives, ne dépasserait pas la durée de trois heures. Un bateau pourrait donc par jour faire quatre voyages dans les deux sens et transporter de 3 000 à 3 500 tonnes, soit plus d'un million de tonnes par an.

D'après une estimation très largement faite, l'ensemble des travaux de premier établissement, dans les deux ports d'attache, du matériel fixe, du matériel flottant et de tous les frais accessoires n'atteindrait pas une dépense de plus de 20 millions. Ce chiffre est minime si on le compare aux centaines de millions et au milliard auxquels on arrive avec les projets de pont et de souterrain. C'est sans doute une solution modeste et moins brillante que les autres. Elle a même contre elle l'inconvénient de ne pas affranchir d'une manière absolue les voyageurs de la sujétion du mal de mer ; mais elle est simple, pratique, économique et d'une exécution qu'on pourrait rendre très prompte.

Il n'est même pas impossible que ce mode d'accostage rigide ne puisse être sensiblement amélioré et simplifié ; et tout fait supposer qu'on pourrait y introduire des modifications et des perfectionnements qui réduiraient d'une manière notable le temps nécessaire pour transborder le train de chemin de fer sur le *ferry-boat* aménagé spécialement pour la traversée du détroit.

Cette réduction est un point capital tout au moins pour une certaine catégorie des marchandises chères, altérables, ou qui ne doivent pas attendre, comme les envois postaux de toute nature, et surtout pour les voitures de toute catégorie affectées au service des voyageurs et de ce qu'ils emportent avec eux.

L'accostage rigide que nous venons de décrire consiste essentiellement à soulever mécaniquement, au moyen de presses hydrauliques sous-marines, le navire porte-train de manière à l'immobiliser à une faible hauteur au-dessus de sa flottaison normale, à faire passer ensuite le train du pont du navire sur une plate-forme spéciale établie dans son prolongement, à remonter enfin cette plate-forme par un autre jeu de presses sous-marines qui amèneraient ses voies exactement au niveau des voies de terre et dans leur prolongement, de manière à rendre facile le passage du train de la plate-forme sur la terre ferme ou inversement.

Bien que ce mode d'accostage soit déjà bien plus accéléré que tous les procédés de raccordement au moyen de passerelles flottantes actuellement usités dans tous les transbordements, les ingénieurs ont pensé qu'on pourrait le simplifier encore ; et, dans une étude récente, ils ont proposé de supprimer tous les ouvrages sous-marins et, notamment, au fond du bassin de stationnement de navire, les batteries de presses hydrauliques qui seraient d'une visite difficile en cas d'un arrêt qu'il faut toujours prévoir, et dont l'établissement et l'entretien régulier auraient été assez délicats et assez coûteux [12].

On pourrait donc, d'après eux, installer les appareils de levage, non plus sous l'eau, mais à découvert, sur les quais mêmes. Ces appareils consisteraient en grues colossales présentant un grand encorbellement, qui seraient manœuvrées soit par l'eau comprimée, soit par l'électricité, et qui n'auraient plus à agir sur la masse totale du navire. La plate-forme intermédiaire entre le *ferry-boat* et le quai de débarquement serait reportée sur le navire lui-même et affecterait la forme d'un tablier métallique, qui serait muni d'une voie ferrée sur laquelle on calerait le train ou la fraction de train à transborder.

Ce tablier, sorte de pont métallique, serait saisi de distance en distance par la chaîne des grues qui l'enlèveraient d'abord verticalement, puis ramené au-dessus du quai par un mouvement de recul horizontal du chariot des grues, et enfin descendu dans une forme spéciale aménagée au bord du quai et disposée de façon que la voie du tablier mobile soit exactement raccordée avec la voie de terre. Le train du chemin de fer exécuterait donc en tous points les mêmes manœuvres que l'on pratique journellement pour la manutention des plus grosses pièces transbordées régulièrement, dans nos grands ports de commerce, du quai sur le navire ou du navire sur le quai. Dans l'hypothèse où le navire transbordeur aurait une centaine de mètres de longueur, il pourrait porter de 12 à 15 wagons, donnant un poids total de 350 à 400 tonnes environ, y compris le poids du tablier formé de deux tronçons de 45 à 50 mètres de longueur, chacun d'eux devant par conséquent recevoir de 6 à 8 wagons, et avoir un poids de 180 à 200 tonnes. L'appareil de levage se composerait de quatre à cinq presses hydrauliques verticales, à action directe, montées sur des chariots roulants dont le mécanisme de translation serait commun aux presses de levage. Les wagons pourraient être ainsi transportés sans secousse et très rapidement dans un sens ou dans l'autre.

Toutes réserves à faire sur la stabilité du *ferry-boat*, qui serait certainement résolue d'une manière très satisfaisante après l'examen approfondi des constructeurs nautiques, sur la question de savoir si on couperait le train à transborder en deux tronçons placés l'un à l'avant, l'autre à l'arrière de la machine, ou si on ne logerait pas le train tout entier sur un tablier unique qui occuperait la partie centrale du bateau (ce qui conduirait peut-être à supprimer la mâture ou à la transporter aux deux extrémités du navire et à modifier aussi l'emplacement des cheminées des chaudières que l'on serait obligé d'établir un peu sur les côtés), on voit que le problème est de ceux qui peuvent être mis pratiquement à l'étude et dont l'application peut être raisonnablement tentée.

Une simplification notable a été encore apportée à ce dispositif. On supprimerait le tablier métallique par l'intermédiaire duquel le train reposait sur le pont du *ferry-boat* ; et ce dernier porterait directement les deux voies parallèles sur lesquelles seraient placés les wagons à transborder, et viendrait se placer à l'angle de deux quais, accosté à l'un et de bout à l'autre. Dans ce dernier et dans le prolongement de l'axe du navire porte-train serait pratiquée une rainure ou fosse dans laquelle se mouvrait verticalement le plateau d'un gigantesque ascenseur, capable de recevoir les deux rames du train transbordé. Ce plateau serait manœuvré par des batteries de grues électriques établies au-dessus de la fosse. La manœuvre de transbordement serait dès lors très simple. Le navire étant accosté, le plateau de l'ascenseur, — plateforme de 100 mètres de longueur sur 8 à 10 mètres de largeur, — serait amené à un niveau tel que ses deux voies soient sensiblement raccordées avec celles du *ferry-boat*. Un treuil électrique, établi au fond du plateau, attirerait les deux rames de wagons, qui seraient ainsi rapidement transbordées du navire sur l'ascenseur et élevées en quelques minutes au niveau des voies de terre. — Les mêmes opérations effectuées en sens inverse auraient lieu pour la descente d'un train de la voie de terre sur le *ferry-boat*.

L'évaluation approximative de cet outillage, qui est, on en conviendra, d'une réelle simplicité et dont le fonctionnement régulier paraît présenter de bonnes conditions de sécurité, s'élève environ à un million et demi. C'est un chiffre réellement insignifiant et qui ne saurait arrêter, alors même qu'on ne voudrait faire qu'une simple expérience. A ce chiffre il convient d'ajouter naturellement la dépense nécessaire pour la construction des *ferry-boats* et du bassin ou du quai dans lequel doit venir accoster le bateau. Mais cette dépense est commune à tous les projets, de quelque nature qu'ils soient, qui ont pour objet d'assurer la communication entre les deux rives du détroit.

Il semble donc que les partisans du tunnel ou du pont aérien, ou même ceux du pont immergé, feraient peut-être sagement de prendre en considération cet expédient provisoire et d'accepter, pour quelque temps du moins, le sacrifice de leurs rêves, quelque séduisants qu'ils puissent être, mais dont la réalisation serait seulement différée.

Section VIII

Quoi qu'il en soit, on a tous les éléments pour aboutir.

L'Angleterre est la plus grande distributrice de marchandises du monde, et par conséquent elle est très intéressée au perfectionnement des voies par lesquelles s'opère cette distribution.

Ses richesses naturelles sont considérées comme inépuisables ; mais la traversée obligatoire de la Manche crée naturellement un sérieux obstacle à l'accroissement de sa production. Il y a cinquante ans à peine, le commerce de l'Angleterre avec l'Asie se faisait presque exclusivement par mer. Dès l'ouverture du canal de Suez, on a abandonné la route du cap de Bonne-Espérance, et les marchandises de l'Inde et de l'Asie, une fois arrivées dans le bassin de la Méditerranée, ont été l'objet d'un triage en vue de leur expédition vers l'Angleterre : les unes, précieuses et d'un poids relativement faible, empruntant les voies ferrées de l'Europe et traversant la Manche ou la mer du Nord, les autres restant acquises à la navigation. Mais la rapidité des communications, qui est la principale déterminante de tous les voyageurs et de beaucoup de produits, a fait délaisser un peu la route de Marseille à Calais qui est aujourd'hui en concurrence avec celle de Brindisi à Anvers et à Hambourg ; et on étudie en ce moment une autre route qui passerait par Salonique, Pristina, la Serbie, les chemins de fer austro-hongrois et allemands, et semble devoir offrir, au commerce et aux voyageurs, une économie de temps assez sensible. Dans un avenir prochain, le réseau des chemins de fer du continent, qui traverse la France, l'Allemagne, l'Autriche et la Russie, s'étendra bien certainement jusqu'à l'Extrême-Orient et viendra atteindre la Chine. Il pourra donc sembler un peu anormal de quitter la voie ferrée après un parcours de 10 000 kilomètres pour transborder et franchir les 30 kilomètres qui séparent l'Europe de la côte anglaise, et on pourra toujours désirer d'être affranchi de cette sujétion. La communication directe et le contact immédiat entre le continent et la grande île britannique paraissent donc s'imposer un jour ou l'autre d'une manière impérieuse, absolue.

En ce qui concerne la France, la question présente une bien autre gravité. Notre pays subit en effet depuis une trentaine d'années, au point de vue du transit, une crise économique dont les résultats s'aggravent tous les jours. Nous transportions autrefois d'un bout à l'autre de notre territoire une grande partie des productions de l'ancien monde. Hier encore ces productions, après avoir traversé le canal de Suez, suivaient nos lignes de chemins de fer, de Marseille aux ports de la Manche ; et la France était le point de passage de l'Orient en Angleterre. Ce courant a été en partie détourné. La malle des Indes ne passe plus par la France. Le souterrain du Saint-Gothard a ouvert entre l'Italie et Anvers une route directe et rapide vers laquelle tendent à converger les canaux et les rivières canalisées de l'Allemagne et du centre de l'Europe, l'Elbe, l'Oder, le Rhin, le Danube ; et on travaille activement à raccorder Constantinople à Hambourg. On peut craindre aussi que le percement du Simplon ne produise de nouveaux détournements qui nous seront très préjudiciables.

Sans doute la guerre faite ainsi à notre commerce a rencontré chez nous une certaine résistance, et notre attention s'est portée vers nos ports du Nord que nous avons transformés pour les mettre en état de lutter contre nos voisins. Mais il ne suffit pas de posséder trois ou quatre ports largement aménagés et installés, et munis de tous les perfectionnements de l'outillage moderne ; il faut avoir la certitude que les voyageurs et les marchandises viendront y affluer. C'est ce qui manque déjà un peu à quelques-uns ; et malheureusement la concurrence étrangère tend à nous enlever de plus en plus notre clientèle. C'est très bien d'avoir d'excellents outils ; mais il est indispensable que ces outils travaillent, et surtout qu'on leur fournisse régulièrement les matières premières qui doivent les alimenter. Nous l'avons déjà dit ailleurs. Depuis vingt ans, Italiens et Germains se donnent très facilement la main à travers et par-dessous les Alpes, nous laissant ainsi bien souvent à l'écart ; et, si on n'y prend garde, la France, comme l'Espagne, cet autre pays délaissé depuis plusieurs siècles, finira par se trouver en dehors du grand courant commercial qui traverse l'Europe du Nord au Midi.

La suppression complète du transbordement entre le continent et le grand archipel britannique serait de nature à maintenir en France une partie du transit de l'Angleterre avec l'Ouest et la plus grande partie de l'Europe. Elle ranimerait un peu le grand courant de Calais à Marseille, qui tend à s'affaiblir d'une manière très regrettable. La réalisation d'un projet de communication directe et continue à travers le Pas de Calais, plusieurs fois sur le point d'aboutir, est donc au plus haut degré une question d'intérêt et d'avenir national. Après les manifestations brillantes de l'Exposition universelle, qui ne sauraient se renouveler de sitôt, ce pourrait, ce devrait être l'œuvre sérieuse des premières années du siècle dans lequel nous avons fait déjà les premiers pas.

Notes

1.   De Lapparent. Rapport à la Commission des communications entre la France et l'Angleterre. Annales des Ponts et Chaussées, juin 1875.

2.   Renaud, Rapport sur la reconnaissance hydrographique et géologique du Pas de Calais, novembre 1890.

3.   A. Thomé de Gamond, Étude de l'avant-projet du tunnel sous-marin entre l'Angleterre et la France reliant sans rompre charge les chemins de fer de ces deux pays par la ligne de Gris-Nez à Eatsware. Paris, 1857. — Id., Plans du projet nouveau d'un tunnel sous-marin entre la France et l'Angleterre produit à l'Exposition Universelle de 1867. Paris, 1869.

4.   Voyez G. Valbert, l'Agitation anglaise contre le tunnel de la Manche, dans la Revue du 1er juin 1882.

5.   J. Fleury, la Traversée de la Manche : — Tunnel, Pont ou Navire. Paris, 1892.

6.   Cf. de Lapparent. Communications entre la France et L'Angleterre. Rapport sur la demande en concession de MM. Michel Chevalier et consorts, 13 juillet 1874.

Renaud, Rapport sur la reconnaissance hydrographique et géologique du Pas de Calais, faite en juillet et en août 1889, en vue du projet d'établissement d'un pont sur la Manche. Novembre 1890.

Duchanoy, Rapport sur la constitution du fond du détroit. Paris, 1891.

7.   Saint-Jame's Gazette. Railway and Commercial Journal, 4 février 1892.

8.   Le Pont sur la Manche. Documents, cartes et plans, publiés par the Channel Bridge and Railway Company limited. Paris, 1894.

9.   Résal, Ponts, fers et aciers.

10.   Thévenet-Le Boul, Traversée du Pas de Calais par un

chariot roulant sur un viaduc immergé en béton. Paris, 30 août 1898.

11.   Thévenet-Le Boul, Traversée du Pas de Calais par des bateaux, transbordeurs de trains à accostage rigide. Paris, 17 novembre 1900.

12.   Thévenet-Le Boul, Note sur un nouveau mode de transbordement des trains de chemins de fer (ferry-boats). Paris, 6 octobre 1901.

ISBN : 978-1981850815